南京大屠杀死难者国家公祭鼎基座设计建造纪实

《建造·性能与设计》系列丛书　　主 编：张 宏

DESIGNING AND BUILDING RECORD OF NATIONAL
MEMORIAL TRIPOD BASE OF NANJING MASSACRE
V　I　C　T　I　M　S

南京大屠杀死难者
国家公祭鼎基座
设计建造纪实

编 著

张　　宏
石 刘 睿 恬
张　军　军
淳　　庆

东南大学出版社·南京

序

　　1984 年秋天，当我第一次来到江东门侵华日军南京大屠杀遇难同胞纪念馆工地时，挖掘出的堆堆白骨，深深地打动了我，激发了我的创作激情，第一反应就是设计一座表现当时的时代情景、环境的纪念馆，为苦难的人民做些事，为世界的和平做些事。一做就持续近 20 年，直到 2004 年，共负责了纪念馆两期的设计任务，这也是我连续设计服务最长的建筑项目，有深厚感情的项目，我尽了自己的义务。

　　在 2014 年 12 月 13 日，举行了南京大屠杀死难者国家公祭仪式，在纪念馆设立了公祭鼎，我的学生张宏带领东南大学建筑学院团队，在仅仅一个月内设计建造了公祭鼎基座，我感到欣慰。愿我的学生们用建筑设计服务于社会，为人民的美好生活及和平事业多做有益的事。东南大学团队将公祭鼎基座的设计建造的相关资料汇编成书，此书的出版，有着重要意义，是以为序。

2015 年 12 月 13 日

前言

2014 年 12 月 13 日，在侵华日军南京大屠杀遇难同胞纪念馆举行了首个国家公祭，党和国家领导人出席了公祭仪式。永久设立国家公祭鼎"，是公祭仪式的重要内容。铸鼎记事，永记国家公祭；铸鼎铭史，强化历史记忆。公祭鼎基座由东南大学建筑学院团队设计，基座上放置公祭鼎。公祭鼎为三足铜鼎，高 1.65 米，鼎上外口径 1.266 米，总重 2014 公斤；鼎基座高 0.45 米，为黑金砂石质。在江苏省委宣传部和南京市委宣传部的支持下，团队在规定的时间内顺利地完成了国家公祭鼎基座的设计与建造，本书详细记载了整个过程。

出版此书旨在强化纪念，向往和坚守和平。建筑学人从具体的事情做起，为人类的和平事业做贡献。

张宏

东南大学建筑学院

2015 年 12 月 13 日

目　　录

南京大屠杀死难者国家公祭

巍巍金陵，滔滔大江，钟山花雨，千秋芬芳。
一九三七，祸从天降，一二一三，古城沦丧。
侵华倭寇，掳掠烧杀，尸横遍野，血染长江。
三十余万，生灵涂炭，炼狱六周，哀哉国殇。
举世震惊，九州同悼，雪松纪年，寒梅怒放。
亘古浩劫，文明罹难，百年悲叹，警钟鸣响。
积贫积弱，山河蒙羞，内忧外患，国破家亡。
民族觉醒，独立解放，改革振兴，国运日昌。
前事不忘，后事之师，殷忧启圣，多难兴邦。
七十七载，青史昭彰，生生不息，山高水长。
二零一四，国家公祭，中外人士，齐聚广场。
白花致哀，庄严肃穆，丹忱抒写，和平诗章。
大道之行，天下为公，大德曰生，和气致祥。
和平发展，时代主题，民族复兴，世代梦想。
龙盘虎踞，彝训鼎铭，继往开来，永志不忘。

—— 南京大屠杀死难者国家公祭《和平宣言》

南京大屠杀是指侵华日军公然违反国际条约和人类基本道德准则，于1937年12月至1938年1月的六周内，在南京纵兵屠杀无辜、奸淫、掠夺、焚烧和破坏的暴行。战后，远东国际军事法庭和中国审判战犯军事法庭均设专案调查审判，其中，南京审判战犯军事法庭经调查判定，日军集体屠杀有28案，屠杀人数达19万人；零散屠杀有858案，死亡人数达15万之多，制造了惨绝人寰的特大惨案，南京大屠杀死难者达30万人以上。

2014年2月27日，中国第十二届全国人大常委会第七次会议通过决定，将每年的12月13日设立为南京大屠杀死难者国家公祭日。决议的通过，使得对南京大屠杀遇难者的纪念上升为国家层面。国家公祭日的设立表明中国人民反对侵略战争、捍卫人类尊严、维护世界和平的坚定立场。2014年12月13日，首次南京大屠杀死难者国家公祭仪式在南京侵华日军南京大屠杀遇难同胞纪念馆举行，党和国家主要领导人出席了此次公祭活动，南京全城默哀。

本次国家公祭仪式主场地设于侵华日军南京大屠杀遇难同胞纪念馆，也是曾经江东门"万人坑"丛葬地遗址。除主场地公祭外，南京还在建有纪念碑的其余17处丛葬地同步公祭遇难同胞。

举行南京大屠杀国家公祭仪式，从现实的角度来看，是对日本右翼势力歪曲历史的有力回应；从超越现实的意义看，这一法案彰显了中国人民反对战争、爱好和平、尊重生命、维护尊严的崇高理想，有利于激发人民的爱国热情，凝聚人心。侵华日军南京大屠杀不仅是对中华民族的犯罪，更是对全人类的犯罪，必须受到谴责和清算。设立"国家公祭日"表明了中国政府和中国人民反对战争、维护和平、尊重人的价值和生命的价值的坚定决心。

南京大屠杀死难者国家公祭仪式流程

第一项 ● 公祭仪式开始，奏唱《中华人民共和国国歌》

第二项 ● 鸣响防空警报，向南京大屠杀死难者默哀

第三项 ● 向南京大屠杀死难者进献花圈

第四项 ● 南京市青少年代表宣读《和平宣言》

第五项 ● 国家公祭鼎揭幕

第六项 ● 习近平总书记发表重要讲话

第七项 ● 撞响和平大钟，放飞和平鸽

第八项 ● 国家公祭仪式结束，嘉宾参观侵华日军南京大屠杀史诗展

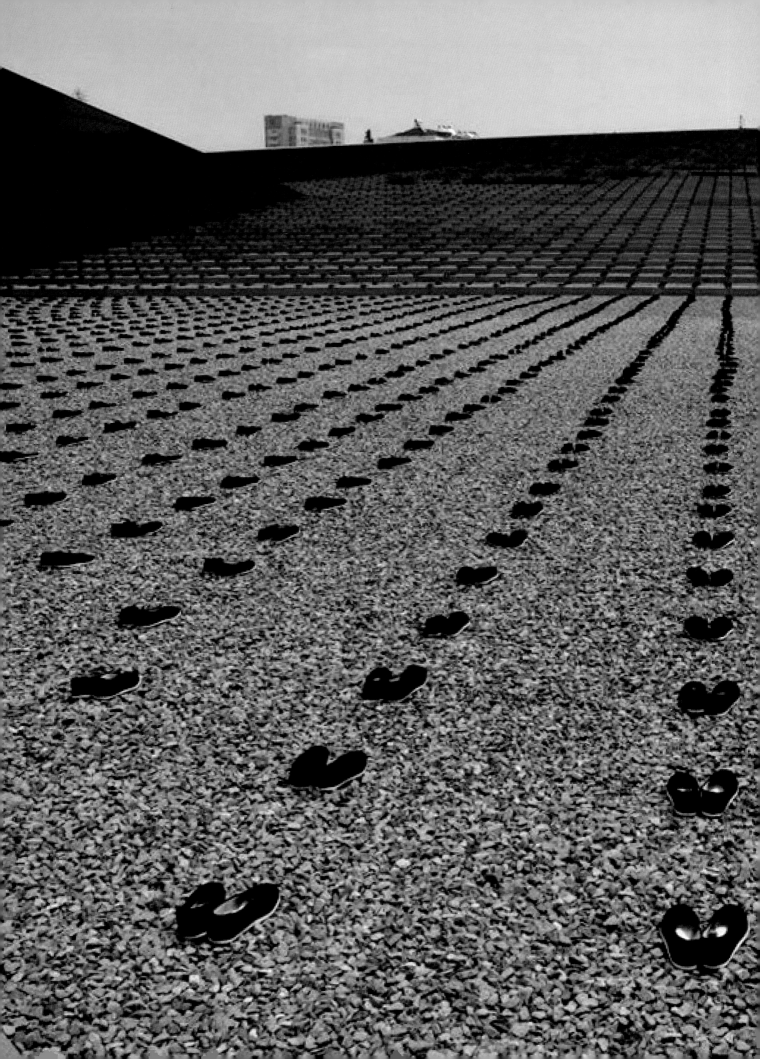

周边环境调研

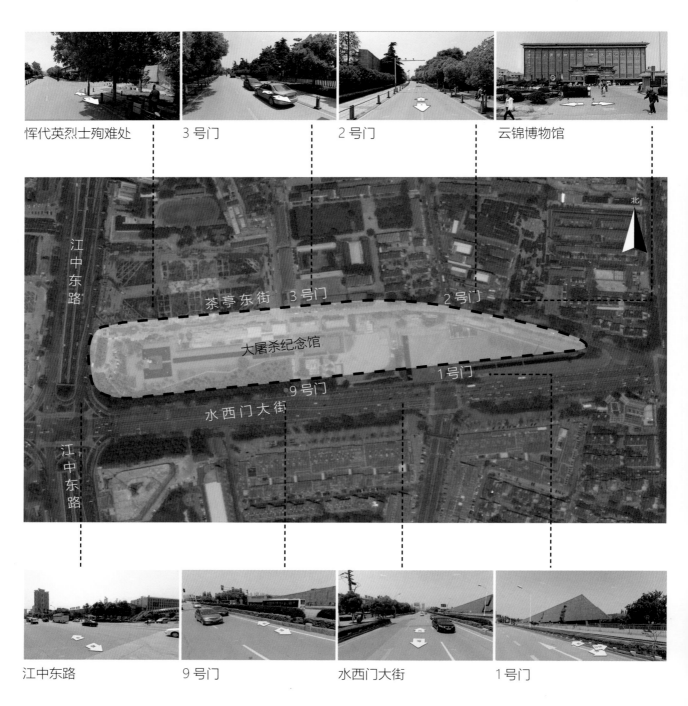

恽代英烈士殉难处   3 号门   2 号门   云锦博物馆

江中东路   9 号门   水西门大街   1 号门

公祭仪式场地所在的侵华日军南京大屠杀遇难同胞纪念馆，是中国南京市人民政府为铭记 1937 年 12 月 13 日日军攻占南京后制造的南京大屠杀惨案而筹建的，位于中国南京城西江东门茶亭东街原日军大屠杀遗址之一的"万人坑"，1985 年 8 月 15 日落成开放。

大屠杀纪念馆共有 9 个出入口，公祭仪式使用的出入口有 4 个，分别是位于茶亭东街的 2 号门和 3 号门，以及位于水西门大街的 1 号门和 9 号门。其中 9 号门为后勤及施工车辆出入口，3 号门为公祭当天领导出入口，2 号门为公祭当天嘉宾出入口，1 号门为公祭当天群众出入口。

功能和流线划分

　　公祭仪式场地的布置遵循功能明确、流线清晰的原则，将侵华日军南京大屠杀遇难同胞纪念馆的东侧广场划分为观众区域和仪式区域两部分。仪式区域设公祭台、军乐队站台和青少年代表站台。公祭台上设有国家公祭鼎和演讲台。公祭台下设主持人立式话筒站位。观众区域位于广场东侧缓坡上，不仅有依次抬高的良好视野，同时也靠近主要出入口，便于疏散。

　　设计分别对领导流线、嘉宾流线和观众流线做了区分，使之明确、直达，并互不干扰，以满足在大量人流情况下快速集散的需求。

功能分区

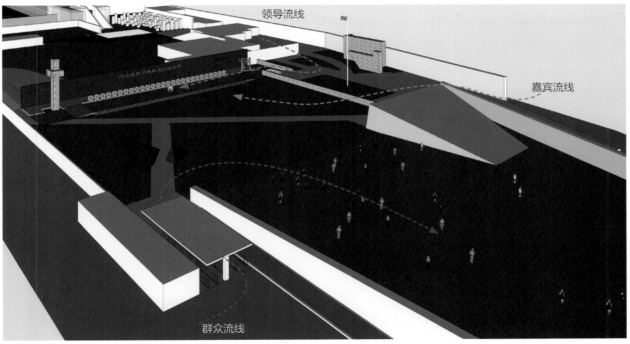

流线划分

公祭仪式场地布置方案

10月27日 第一稿场地布置方案

　　第一稿方案中，公祭台为 4.8 m X 28 m 的长方形台，国旗台位于公祭台的正中央，公祭鼎位于公祭台南侧，以凸显公祭鼎的重要位置；同时也便于连接主祭人为公祭鼎揭幕和发表演讲等活动流线。公祭台后侧等距摆放了 6 花圈，为防花圈失稳，紧邻水池处设高、宽各 450 mm 的包边。

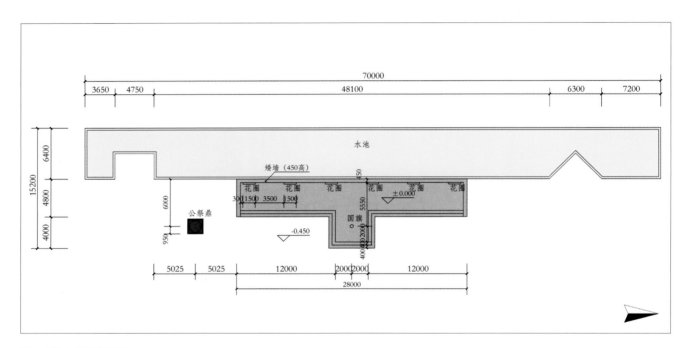

第一稿方案平面图

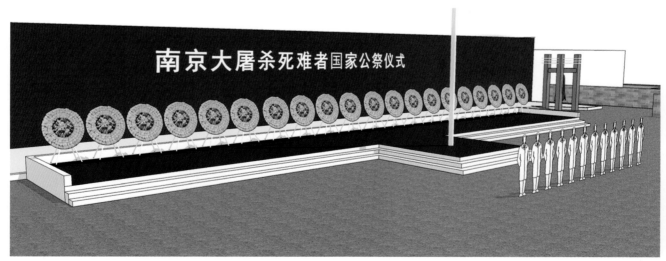

第一稿方案效果图

11 月 12 日 第二稿场地布置方案

第二稿方案中，公祭台的尺寸变更为 9 m X 39.1 m，并加设两侧的坡道和地毯，更便于礼兵抬送花圈。加宽后的公祭台更加宽敞大气，形式更为规整。公祭鼎调整至公祭台正中央，演讲台和公祭鼎揭幕装置分列其南北两侧。此稿方案中，国旗台不再设于公祭台上，而是位于广场北侧的原有位置。此稿方案的调整是基于对仪式结束后公祭鼎作为永久设施使用的考虑。

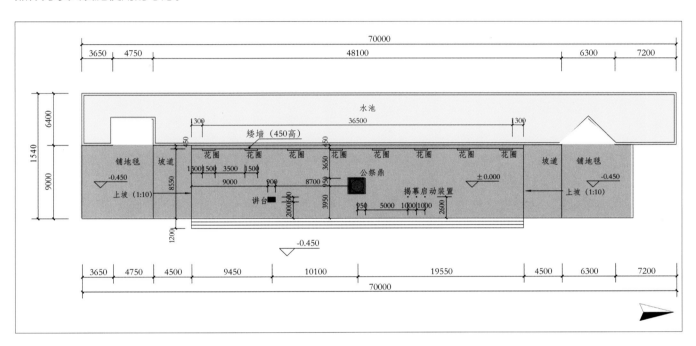

第二稿方案平面图

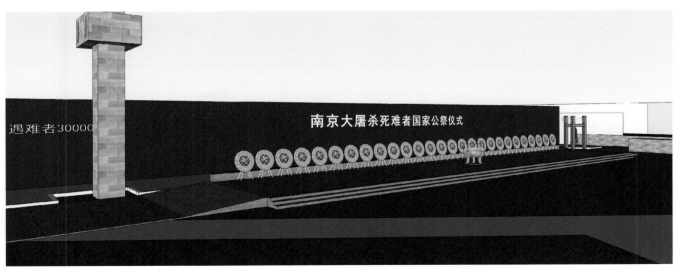

第二稿方案效果图

11月19日 场地布置最终方案

经过几轮调整，最终稿方案的公祭台尺寸基本不变，为便于卫兵站立，将公祭台形状改为梯形。公祭鼎仍位于公祭台正中，揭幕启动装置位于公祭鼎北侧，主祭人发言用的讲台则位于南侧。设计考虑礼兵在进献花圈时从公祭台南侧进场，从北侧退场。

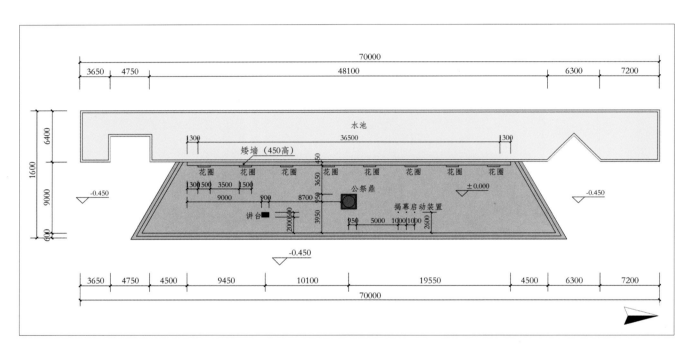

第三稿方案平面图

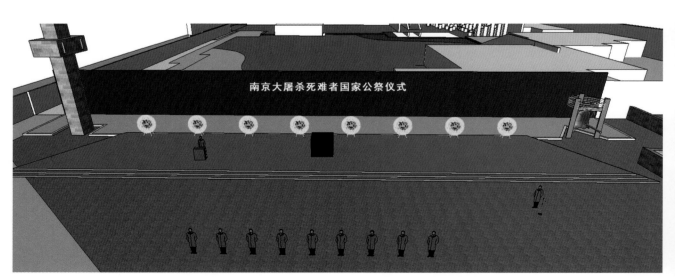

第三稿方案效果图

公祭仪式场地实景

公祭当天现场布置

观众区域

嘉宾区域

仪式区域

公祭仪式流程

仪式开始

鸣响警报默哀

向死难者进献花圈

和平宣言

国家公祭鼎揭幕

放飞和平鸽

细节设计

公祭道旗

公祭纪念章

国家公祭鼎

国家公祭鼎

国家公祭鼎铸鼎记事

国家公祭鼎是为了纪念南京大屠杀死难者、化学武器死难者、细菌战死难者、劳工死难者、"慰安妇"死难者、"三光作战"死难者、无差别轰炸死难者，于 2014 年 12 月 13 日在江苏侵华日军南京大屠杀遇难同胞纪念馆设立。

公祭鼎为高 1.65 米，上外口径 1.266 米，内口径 1.156 米，鼎耳高 0.498 米，鼎足高 0.915 米，重 2 014 公斤的三足圆形铜鼎。公祭鼎基座高 0.45 米、长宽各 2 米。

公祭鼎正面的铭文有 160 个字，字体均匀排布，每列 8 字，共计 20 行的版式。公祭鼎后侧左右两边铸有记事，共 287 个楷体简体汉字。记事详细记载了全国人大常委会立法设立"国家公祭日"和中共中央、全国人大常委会、国务院、全国政协、中央军委举办首次国家公祭的事实。

一九三七年十二月十三日，侵华日军在中国南京开始对我同胞实施长达四十多天惨绝人寰的大屠杀，制造了震惊中外的南京大屠杀惨案，三十多万人惨遭杀戮。这是人类文明史上灭绝人性的法西斯暴行。二零一四年二月二十七日，第十二届全国人民代表大会常务委员会第七次会议决定：将十二月十三日设立为南京大屠杀死难者国家公祭日。每年十二月十三日国家举行公祭活动，悼念南京大屠杀死难者和所有在日本帝国主义侵华战争期间惨遭日本侵略者杀戮的死难者。二零一四年十二月十三日，中国共产党中央委员会、中华人民共和国全国人民代表大会常务委员会、中华人民共和国国务院、中国人民政治协商会议全国委员会、中国共产党中央军事委员会在南京市首次举行公祭仪式。

国家公祭鼎铭文

国家公祭鼎正面铸有 160 字的铭文，魏碑简体字，一方面是遵循青铜鼎的传统；另一方面是因为魏碑简体字较容易辨认。铭文由中宣部、江苏省委宣传部、南京市委宣传部组织古文研究专家撰写，经中央办公厅修改，报中央领导审定。铭文描述了南京大屠杀给中华民族造成的巨大灾难，表达了中国人民的愤怒和强烈谴责之情，对遇难同胞表示痛悼、祭奠之意；记述了南京大屠杀激发全民抗战，中国人民最终取得胜利的历程，表达了铭记历史、警示未来，维护和平、圆梦中华的坚强意志和决心。国家公祭鼎的形制为古鼎，历史文化积淀深厚，故铭文采用骈文体来写，讲究对仗押韵、立意内涵深刻、行文气势磅礴，与国家公祭鼎浑然一体，体现历史和文化的厚重感，增强了公祭的感染力、震撼力、历史传导力。

泱泱华夏　赫赫文明
仁风远播　大化周行
洎及近代　积弱积贫
九原板荡　百载陆沉
侵华日寇　毁吾南京
劫掠黎庶　屠戮苍生
卅万亡灵　饮恨江城
日月惨淡　寰宇震惊
兽行暴虐　旷世未闻
同胞何辜　国难正殷
哀兵奋起　金戈鼙鼓
兄弟同心　共御外侮
捐躯洒血　浩气干云
尽扫狼烟　重振乾坤
乙酉既捷　家国维新
昭昭前事　惕惕后人
国行公祭　法立典章
铸兹宝鼎　祀我国殇
永矢弗谖　祈愿和平
中华圆梦　民族复兴

公祭鼎形制及纹样设计

10月27日 第一稿方案

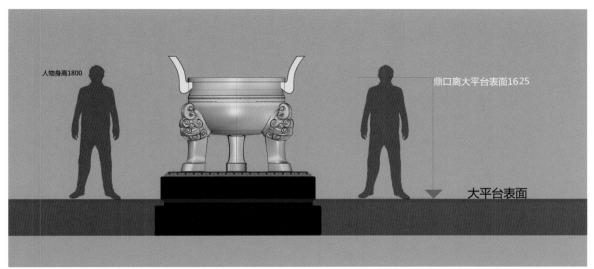

第一稿方案效果图

11月19日 最终方案

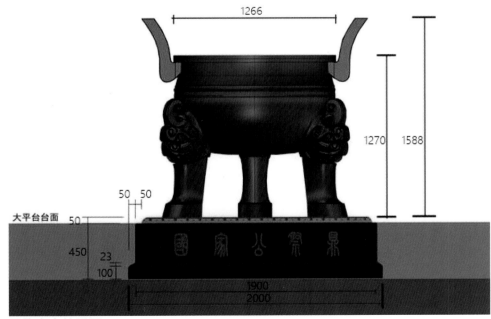

最终方案效果图

公祭鼎身主纹样 —— 植物纹

公祭鼎身次纹样 —— 云纹

公祭鼎铸造成型过程

公祭鼎铸造过程记录

公祭鼎铸造过程照片

公祭鼎完工效果

公祭鼎完工效果

公祭鼎与基座的结构配合

公祭鼎与基座的连接

公祭鼎与基座通过钢板连接。为加强鼎足下方支撑强度，设计提供了两种可行方案：其一是鼎足下方衬钢龙骨；其二是在鼎足下方设垫块。

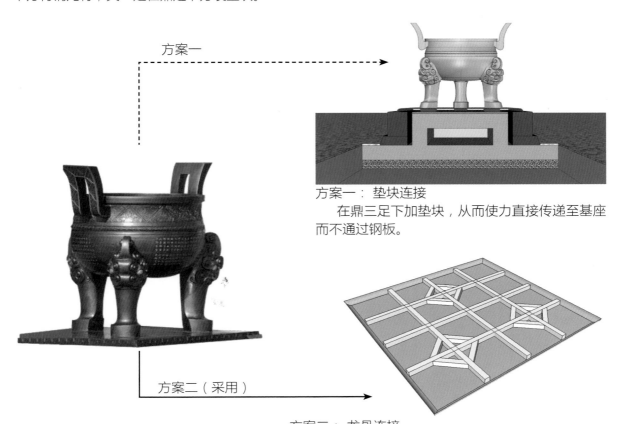

方案一

方案一：垫块连接
　　在鼎三足下加垫块，从而使力直接传递至基座而不通过钢板。

方案二（采用）

方案二：龙骨连接
采用 50 mm × 50 mm 的钢龙骨，并在鼎三足下采用斜向加固。

公祭鼎基座设计方案

10月27日 第一稿方案

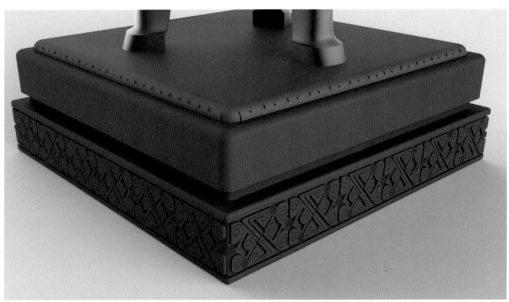

第一稿方案效果图

公祭鼎基座的第一稿设计采用古典的梅花纹和长城纹，为基座增添了几分雅致和精巧。公祭鼎基座体型分为上下两层，浑厚端庄，以黑金砂为主要材料，凸显沉稳大气。

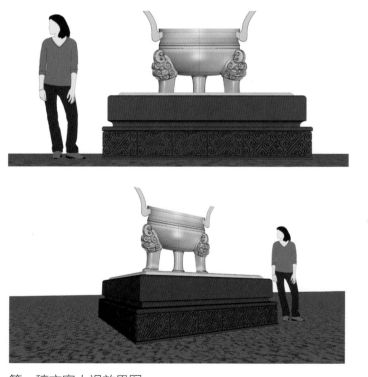

第一稿方案人视效果图

11月12日　第二稿方案

　　公祭鼎基座的第二稿设计提供了三个备选方案：方案一的基座逐级扩大；方案二基座中部采用直线收束；方案三在基座中部采用弧形收束。

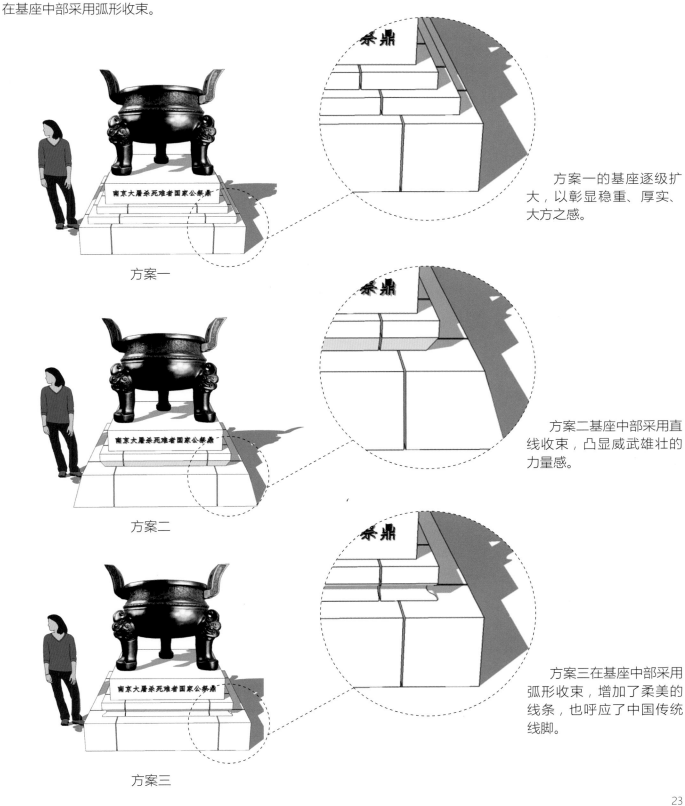

方案一

方案一的基座逐级扩大，以彰显稳重、厚实、大方之感。

方案二

方案二基座中部采用直线收束，凸显威武雄壮的力量感。

方案三

方案三在基座中部采用弧形收束，增加了柔美的线条，也呼应了中国传统线脚。

11 月 19 日   第三稿方案

经过比较推敲，将公祭鼎基座的形制改为简洁大气的两层石材，底层周边倒角。第三稿设计考虑在基座正面镌刻"南京大屠杀死难者国家公祭鼎"几个大字，背面镌刻铸鼎铭文。以下三个方案，展示了铭文采用不同的疏密排布的效果。

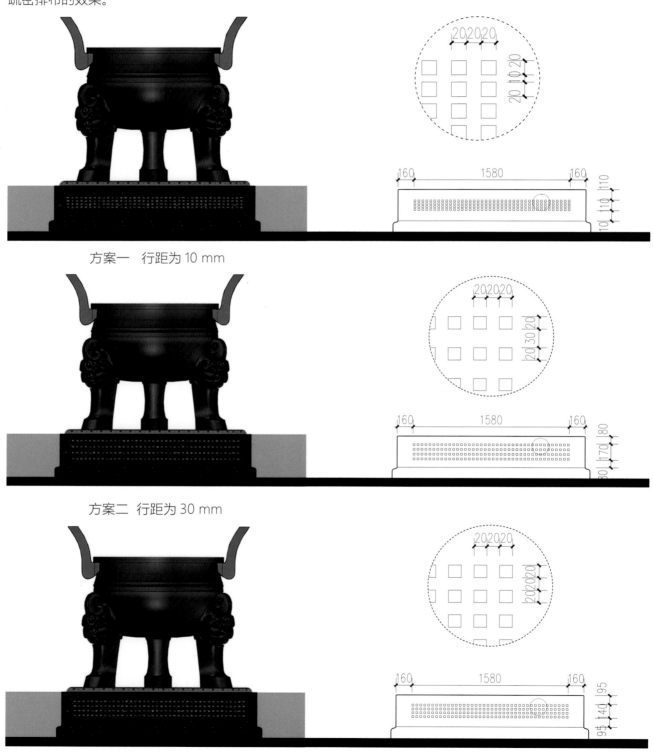

方案一   行距为 10 mm

方案二   行距为 30 mm

方案三   行距为 20 mm

公祭鼎基座正面字体比较

在公祭鼎基座的第三稿方案，拟在基座正面镌刻"南京大屠杀死难者国家公祭鼎"。经推敲确定采用繁体篆书，因为繁体篆书相比于金体和金文大篆更易辨认；相比于宋体，黑体，仿宋等更加沉稳端庄；相比于新宋，幼圆等更有古韵，故而比较符合要求。

南京大屠殺死難者國家公祭鼎	金体
南京大屠殺死難者國家公祭鼎	繁体篆书
南京大屠殺死難者國家公祭鼎	金文大篆
南京大屠杀死难者国家公祭鼎	楷体
南京大屠殺死難者國家公祭鼎	准圆
南京大屠殺死難者國家公祭鼎	宋体
南京大屠殺死難者國家公祭鼎	舒体
南京大屠殺死難者國家公祭鼎	姚体
南京大屠殺死難者國家公祭鼎	黑体
南京大屠殺死難者國家公祭鼎	仿宋
南京大屠殺死難者國家公祭鼎	幼圆
南京大屠殺死難者國家公祭鼎	新宋
南京大屠殺死難者國家公祭鼎	王汉宗古印
南京大屠殺死難者國家公祭鼎	魏碑

公祭鼎基座设计方案

11月22日　最终方案

　　公祭鼎基座的最终方案将铭文铸于鼎身，基座上只在正面雕刻"国家公祭鼎"五个篆书描金大字。基座的设计也归于简洁，线条凝练且便于建造。在材料选取上，公祭鼎基座石材选用了色泽端庄敦厚的黑金砂，凸显出国家公祭鼎的沉稳雄浑。

　　基座采用石材整体拼装的做法，由两层（共8块）石材拼接而成。相比于传统的石材贴面做法，整体拼装的基座正面和背面均没有石材拼缝，形式更为整体；同时也大大减少了加工和施工难度，保障了工期。

　　公祭鼎基座与公祭鼎之间采用铜制金属板连接。板侧面雕刻富有南京特色的明城墙纹。板内部中空，在公祭鼎的三个鼎足下设补强结构，从而使公祭鼎的重量能完全传递到鼎基座内的混凝土块上，以保护金属板和基座石材。

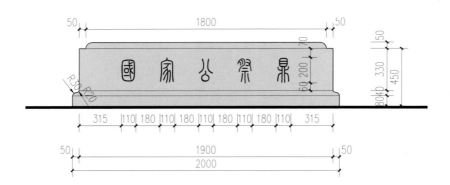

公祭鼎基座尺寸图

黑金砂石材

公祭鼎基座效果图

公祭鼎基座施工过程现场照片

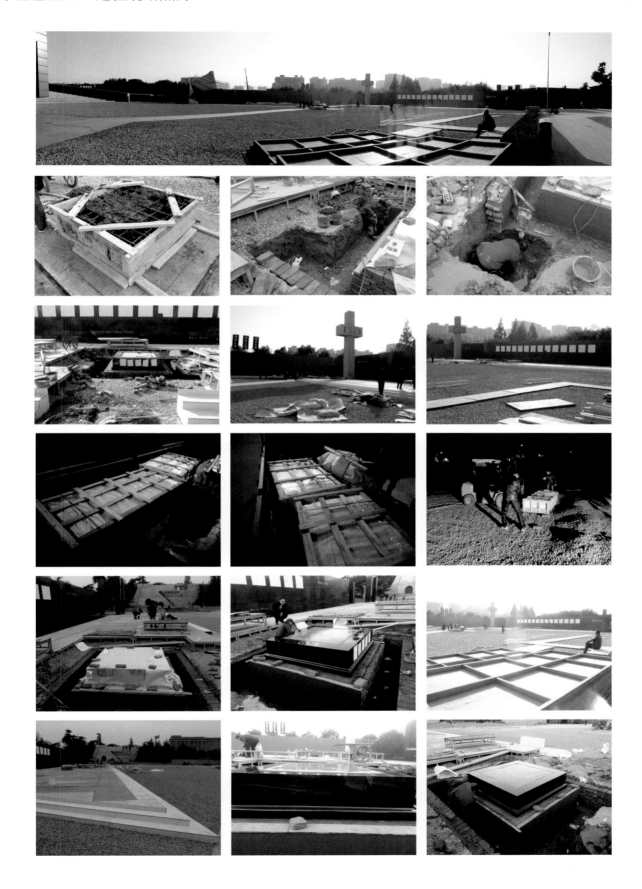

公祭鼎基座施工图设计

11月5日 第一稿施工图方案

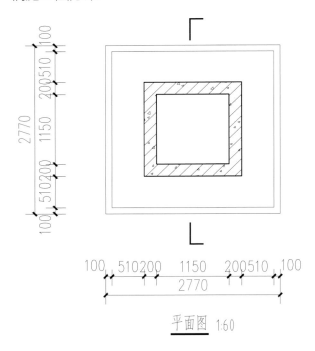

平面图 1:60

说明: 1. 本图仅表示公祭鼎基座结构。
2. 浇筑基础前,预先将场地清理整平并压实,再浇筑100厚C15素混凝土垫层。
基础配筋详见剖面图。

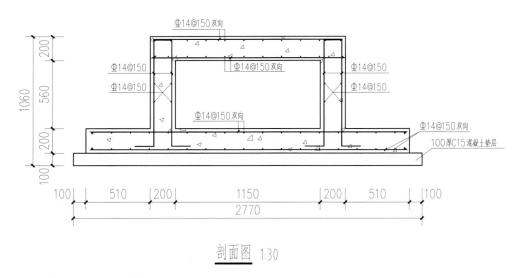

剖面图 1:30

说明: 1. 本图仅表示公祭鼎基座结构。
2. 钢筋: HRB400级(Φ)。混凝土: 基础为C30,垫层为100厚C15素混凝土。
基础钢筋的保护层为40mm。
上部钢筋保护层厚度为30mm,钢筋双层双向,按Φ14@150配置。
3. 结构标高以建筑图为准。

11月19日　第二稿施工图方案

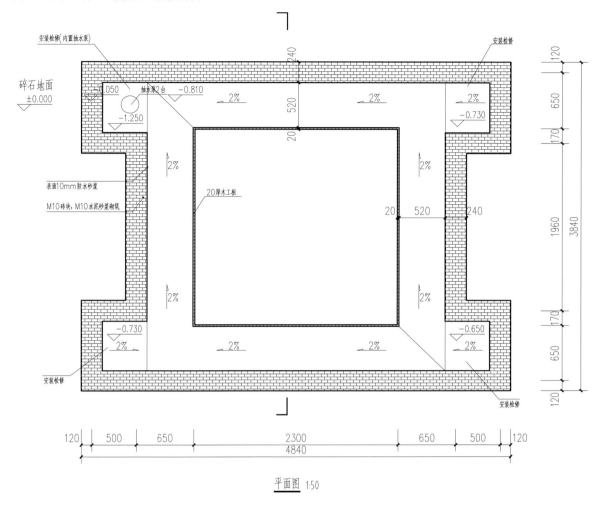

平面图 1:50

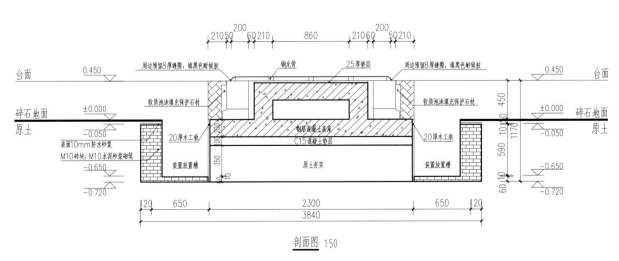

剖面图 1:50

注：1.装置尺寸由北京天图公司根据预留缝隙确定。
　　2.请北京天图公司签字后回传。

王子良
2014.11.18

公祭鼎基座施工图设计

12 月 3 日　最终施工图方案

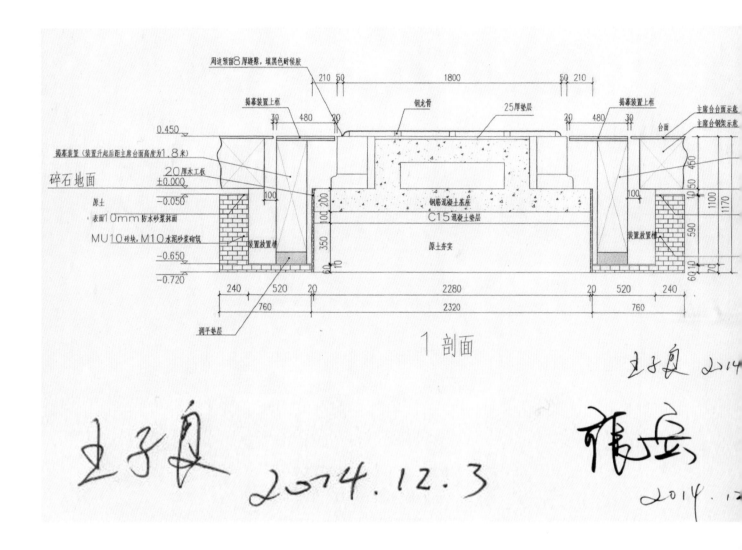

1 剖面

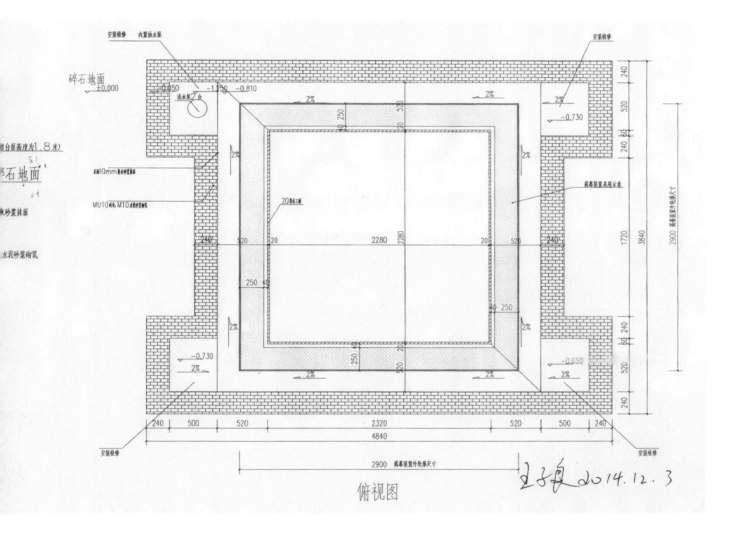

俯视图

王子良2014.12.3

公祭鼎基座施工图设计

12 月 3 日   最终方案施工图模型

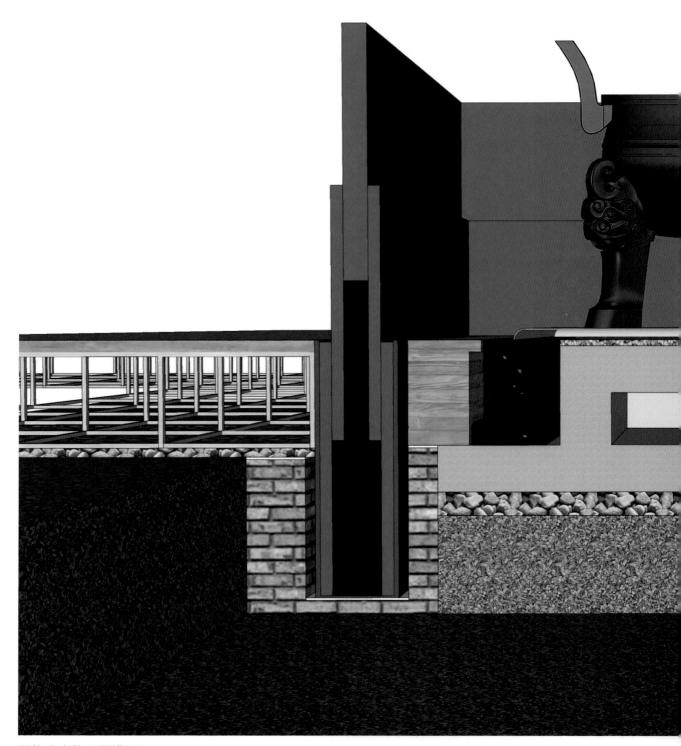

最终方案施工图模型

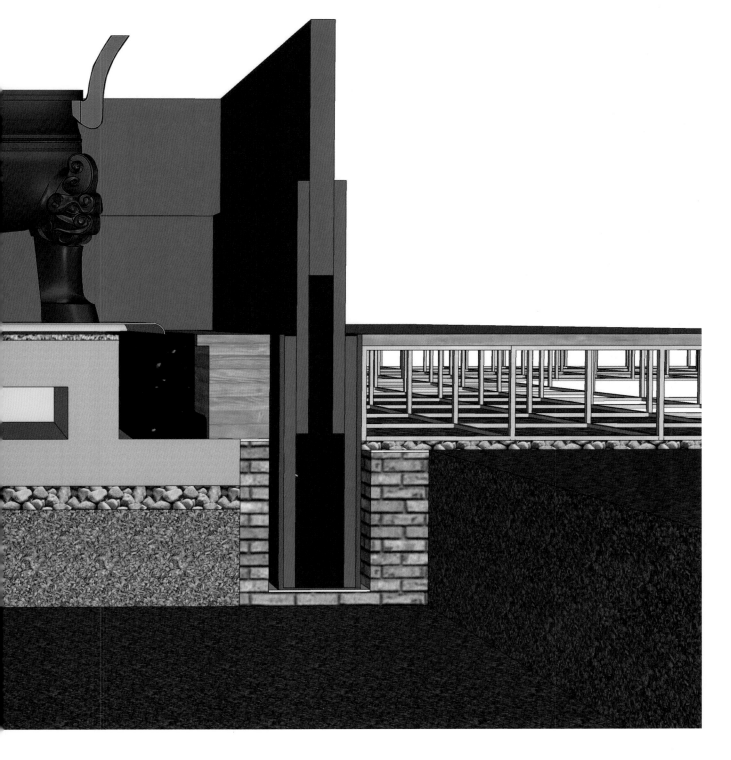

公祭鼎基座石材安装施工图

根据最终确定的方案,公祭鼎基座底部尺寸为2 m×2 m,上部尺寸为1.9 m×1.9 m,中间通过圆角相连接。基座正面书写篆书"国家公祭鼎"五个大字。基座内部的混凝土块作为主要承重结构。

设计将公祭鼎基座的石材划分为两层,每层由4块黑金砂石材相拼接,顶部设石材盖板。盖板与侧面石材留有沉降缝。公祭鼎基座共计由八块石材和一块盖板组成。石材分割时为确保正面不留石材拼缝,将拼接分缝设计在两个侧立面上,从而保证了"国家公祭鼎"字体后的石材完整性,让公祭鼎基座更显整体大气。

公祭鼎基座石材安装平面图

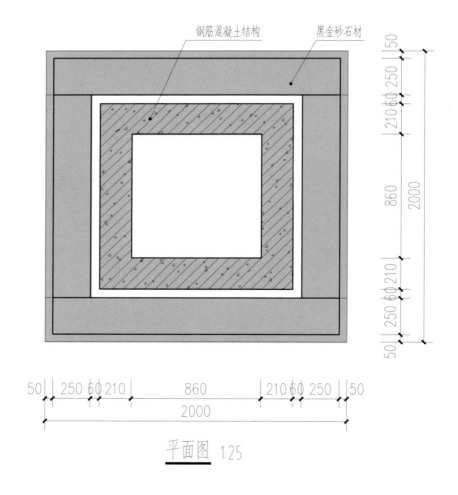

平面图 1:25

公祭鼎基座石材安装正立面图

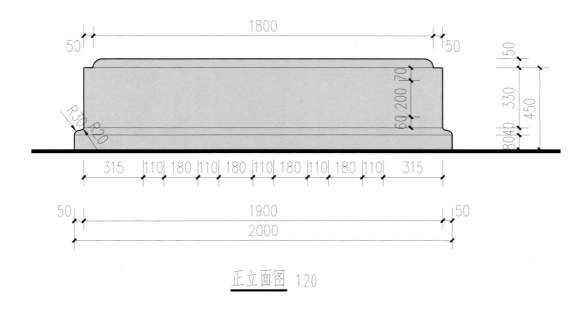

正立面图 1:20

公祭鼎基座石材安装侧立面图

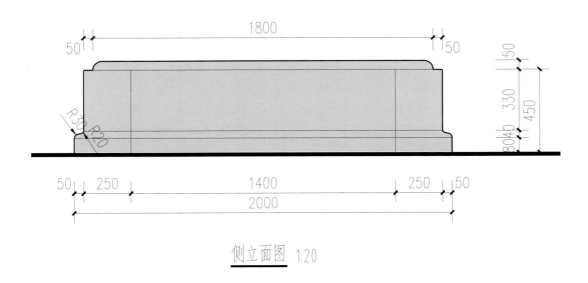

侧立面图 1:20

公祭鼎基座石材分件

12月3日　最终方案施工图模型

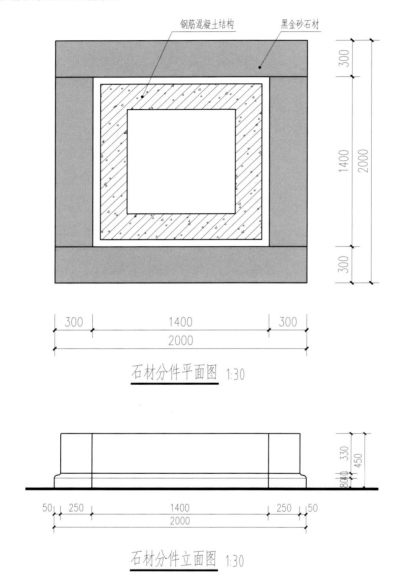

石材分件平面图 1:30

石材分件立面图 1:30

石材分件轴测图

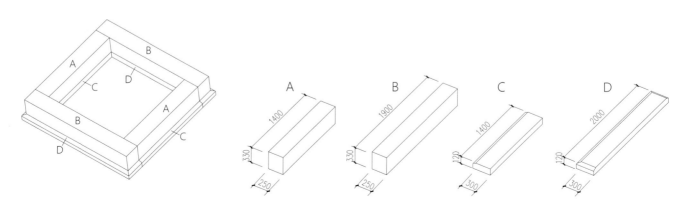

公祭鼎基座石材安装

步骤一：安装底层四块石材

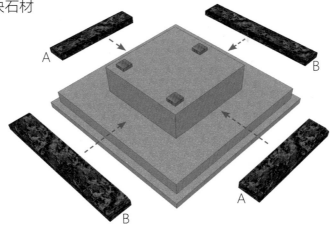

步骤二：安装顶层四块石材

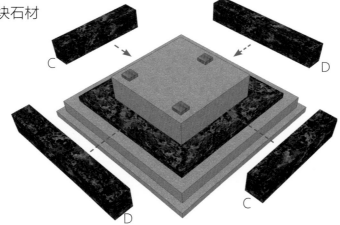

步骤三：石材安装完成

石材安装进度及过程

工程名称：公祭鼎底座工程

加工进度表

工序	2014年					
	20	21	22	23	24	25
采购材料	▬▬	2天				
大切			▬▬	2天		
造型加工、磨光、预拼装				▬▬		
刻字、贴金						
包装						
运输						
现场二次搬运						
安装基座						
中间基础25mm厚垫层施工						
清理及保护						

加工阶段

运输阶段

27	28	29	30	1	2	3	备注
		7天					因工期紧，各个工序采用交叉作业，并安排两班倒加班
	2天						
		0.5天					
			1.5天				
			0.5天				
				1.5天			安装人员30日到现场
					0.5天		
						0.5天	

（表头：2014年12月）

安装阶段

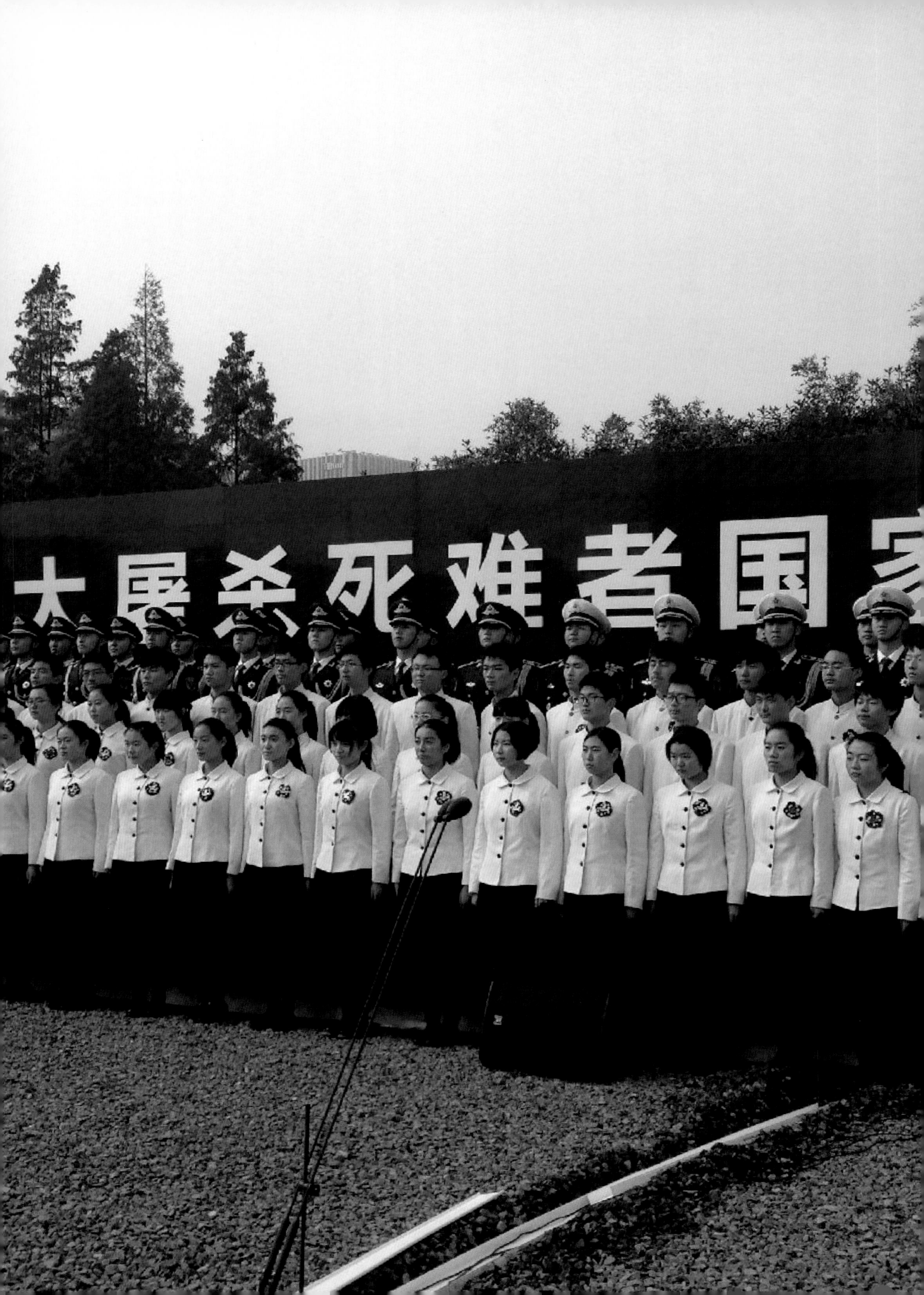
大屠杀死难者国家

10 月 27 日   第一轮汇报文本（节选）

南京大屠殺死難者國家公祭儀式
公祭鼎基座設計

1937.12.13
－1938.1

遇难者 300000

東南大學建築學院 張宏教授工作室
2014-10-27

南京大屠杀死难者国家公祭鼎设计
公祭仪式场地设计

南京大屠杀死难者国家公祭鼎设计
公祭台布置

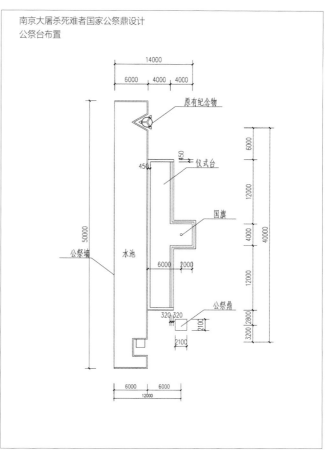

南京大屠杀死难者国家公祭鼎设计
公祭鼎基座设计

金钱花	金镶玉	树挂冰花	中国黑
黑金砂	霸王花	威尼斯灰	圣罗兰
紫丁香	黑金线	黑白根	深灰网

南京大屠杀死难者国家公祭鼎设计
公祭鼎字体选择

南京大屠殺死難者國家公祭鼎	金体
南京大屠殺死難者國家公祭鼎	篆书
南京大屠殺死難者國家公祭鼎	金文大篆
南京大屠杀死难者国家公祭鼎	楷体
南京大屠殺死難者國家公祭鼎	准圆
南京大屠殺死難者國家公祭鼎	宋体
南京大屠殺死難者國家公祭鼎	舒体
南京大屠殺死難者國家公祭鼎	姚体
南京大屠殺死難者國家公祭鼎	黑体
南京大屠殺死難者國家公祭鼎	仿宋
南京大屠殺死難者國家公祭鼎	幼圆
南京大屠殺死難者國家公祭鼎	新宋
南京大屠殺死難者國家公祭鼎	王汉宗古印
南京大屠殺死難者國家公祭鼎	魏碑

11月10日　　第二轮汇报文本（节选）

南京大屠杀纪念馆公祭大鼎基座方案汇报

东南大学建筑学院张宏教授工作室
11 月 10 日

南京大屠杀死难者国家公祭鼎基座设计

公祭仪式当天公祭台高度与基座顶部平齐，遮盖住基座下层。

公祭结束后公祭台拆除，基座完整暴露出来。

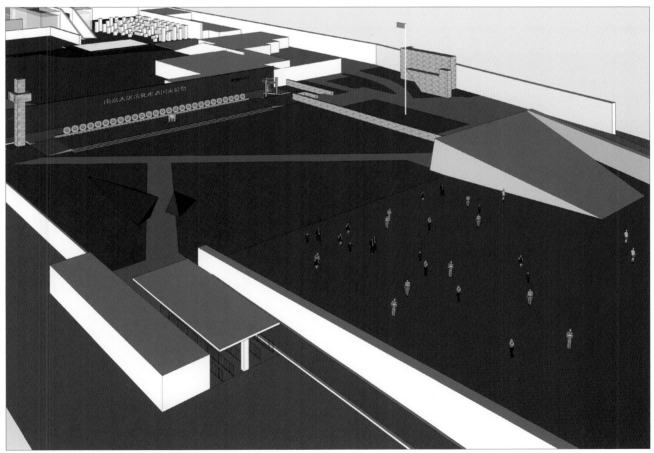

11 月 12 日   第三轮汇报文本（节选）

南京大屠杀国家公祭大鼎基座方案

东南大学建筑学院
2014.11.12

南京大屠杀死难者国家公祭鼎基座设计
| 效果图

公祭仪式场地效果图

南京大屠杀死难者国家公祭鼎基座设计
| 效果图

公祭仪式场地效果图

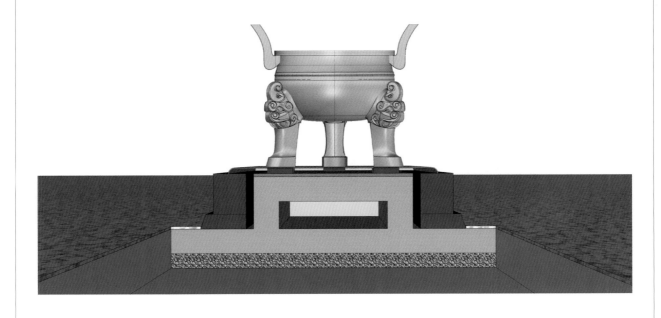

11月16日　　第四轮汇报文本（节选）

铭文配色和字体选择

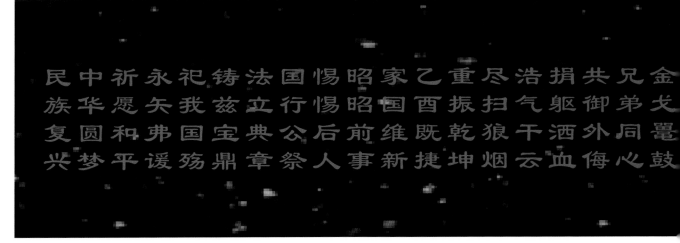

黑底金字简体隶书效果（注：最终未采用此方案，而是将铭文镌刻于鼎身）

基座铭文效果图

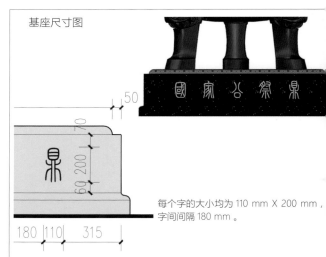

基座尺寸图

每个字的大小均为 110 mm × 200 mm ，
字间间隔 180 mm 。

同 旷 兽 寰 日 饮 卅 屠 劫 毁 侵 百 九 积 洎 大 仁 赫 决
胞 世 行 宇 月 恨 万 戮 掠 吾 华 载 原 弱 及 化 风 赫 决
何 未 暴 震 惨 江 亡 苍 黎 南 日 陆 板 积 近 周 远 文 华
辜 闻 虐 惊 淡 城 灵 生 庶 京 寇 沉 荡 贲 代 行 播 明 夏

"国家公祭鼎"字符大小，间距

繁体篆书书写
每个字高 300 mm，宽 110 mm，间距 180 mm。
总长 1.37 m，两侧各留 315 mm，上留 70 mm，下留 6 mm。

公祭鼎基座与揭幕装置的配合

考虑地下空间的使用，不建议更改公祭鼎基础结构设计。
与装置公司讨论决定，将装置安置在混凝土结构外侧，装置内尺寸定为 2.28 m。

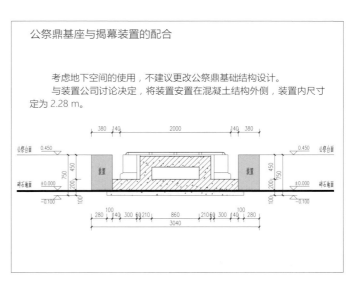

11 月 19 日 第五轮汇报文本（节选）

南京大屠杀国家公祭鼎基座方案

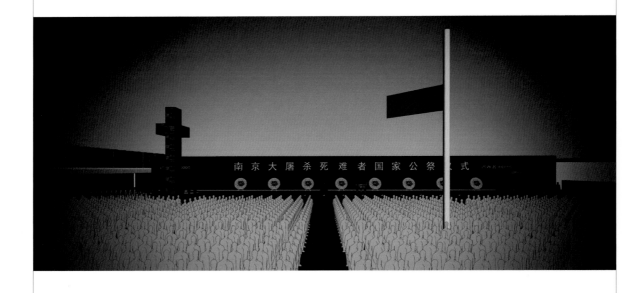

东南大学建筑学院
2014.11.19

公祭仪式场地效果图

公祭鼎及基座效果图

公祭鼎正立面效果　　　　　　　　　　公祭鼎侧立面效果

首次公祭仪式画面

媒体报道

该鼎的设计还充分凸显了"南京元素",设计团队包括中国金陵古艺术青铜研究所、南京艺术学院设计学院、东南大学建筑学院等。据公祭鼎的设计者,南京艺术学院教授邬烈炎介绍,鼎上颈部和两耳侧面纹饰以南京市常见绿色植物的枝叶为图案元素,象征着绿色和平、生命重生;铜质底座部分铸有南京标志建筑城墙图案,象征首次国家公祭举办地;鼎颈部纹饰为传统雷纹,鼎足上端采用犀角纹,足下端为象腿足形,两足在前,一足在后,圆睛张目,粗犷有力,象征中华民族在历史记忆中觉醒,为实现伟大复兴的中国梦而努力。

"国家公祭鼎"的底座,由东南大学建筑学教授、博士生导师、建筑技术科学系主任张宏率领的团队设计制作。铜质底座铸有南京标志建筑城墙图案,象征首次国家公祭在古城南京举办。

"关于国家公祭鼎的纹样设计,设计团队制定了二十余稿,考虑了避邪、梅花、云锦等代表南京历史地理文化的多种图案元素。"主要设计者徐旻培说,"设计团队历经了两个月的艰苦工作,日思夜想,反复修改,我们秉持着从地方性到共性,从复杂性到简单性的设计理念最终成功完成了国家公祭鼎的设计方案。"设计学院党总支书记吴含光表示,在创作过程中,江苏省委宣传部有关领导高度关注设计进程,多次听取设计团队工作汇报,校党委书记管向群教授向设计团队提出了许多颇有建设性、指导性的意见和建议。

新华网南京12月13日电,据新华社"新华视点"微博报道,习近平总书记搀扶着南京大屠杀幸存者代表、85岁的夏淑琴一同走上公祭台,为国家公祭鼎揭幕。一起参加揭幕的还有13岁的阮泽宇,他的祖辈惨死在日寇的屠刀之下。随着拉动丝带,幕布徐徐降下,一尊高1.65米,重2 014公斤的三足圆形铜鼎呈现眼前。

"国家公祭鼎"采用"三足两耳"的器型,以在安徽寿县出土的东周时期用来祭祀的礼器、最大的圆鼎"楚大鼎"(又称"铸客大鼎")为原型,按等比例放大铸造。鼎高1 650 mm,鼎上外口径1 266 mm,内口径1 156 mm,鼎耳高498 mm,鼎足高915 mm,底座为高450 mm、长宽各2 000 mm的黑金砂石,铭刻有"国家公祭鼎"五个篆体鎏金大字。铜质的鼎身和铜质的底座重2 014公斤,石质的底座重1 213公斤,象征2014年12月13日,举行首次国家公祭。

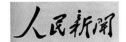

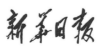

公祭结束后场地回填方案

　　由于公祭仪式需预埋公祭鼎揭幕装置，公祭鼎基座四周已下挖约 0.6 m 的装置槽。装置槽外围砌筑砖墙，内圈砌筑木工板。公祭结束后，考虑祭台拆除后鼎的使用情况，拟将场地进行土方回填，并在表面重新铺上碎石，将场地恢复到其原来的面貌。

　　为保证公祭鼎基座下的夯实土壤具有稳定的承载力，需使土壤具有一定的含水量。故没有采取直接在装置槽内浇筑混凝土的做法，而是采用拆除槽内原有的木工板和砖墙，在原地回填土方的做法。

土方回填施工图

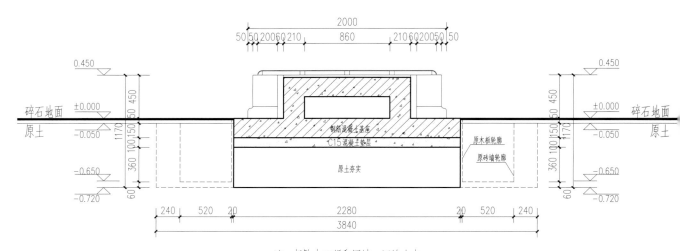

注：拆除木工板和围墙，回填土方

剖面图 1:40

土方回填照片

原抽水泵位置

原砖墙位置

回填完成后效果

公祭鼎护栏设计方案

　　公祭仪式结束后，大屠杀纪念馆将恢复正常使用，重新向游客开放。公祭鼎作为首次国家公祭仪式的纪念物永久保留，因此需要在其周围增设护栏，以更好地保护公祭鼎和基座。护栏的设计不仅需要考虑美观，还要能快速建造、可多次拆装，以满足每年举行公祭活动的要求。为此，提供了两个方案供比较参考。

　　方案一采用铝合金或不锈钢材料制成的银白色的金属支架，显得轻盈挺拔。方案二采用深灰色的拉丝不锈钢，与鼎身的铜绿色相得益彰。两者均用钢框架支撑整面玻璃，玻璃中间不分缝，保证了公祭鼎立面的完整性；玻璃与立柱间均通过搭扣连接，能轻松地实现多次拆卸并快速地再次安装，从而适应每年的公祭活动。

公祭鼎护栏设计方案一

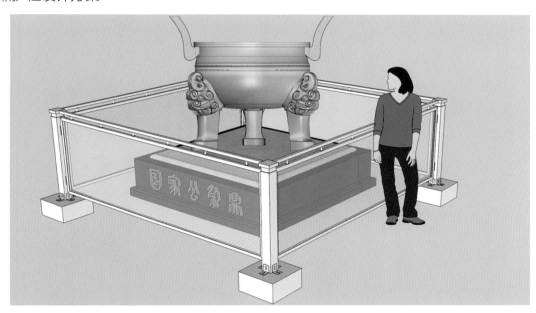

公祭鼎护栏设计方案二

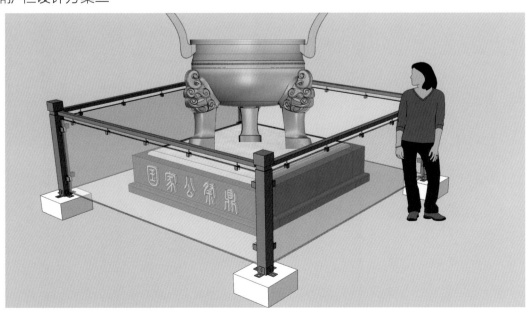

公祭鼎护栏设计方案

方案一

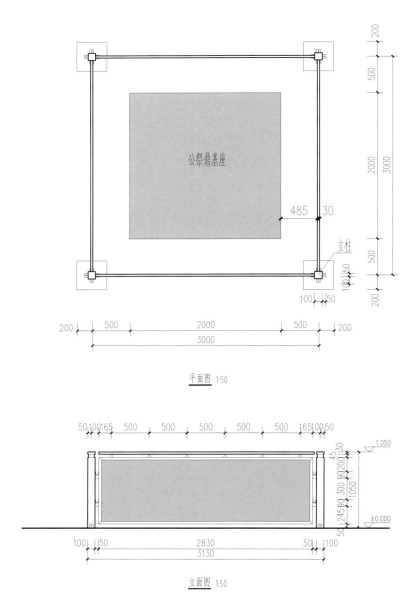

平面图 1:50

立面图 1:50

构件分类表

	中空玻璃(6+2+9)	钢框架	钢框架拆分构件	
			a	b
构件种类	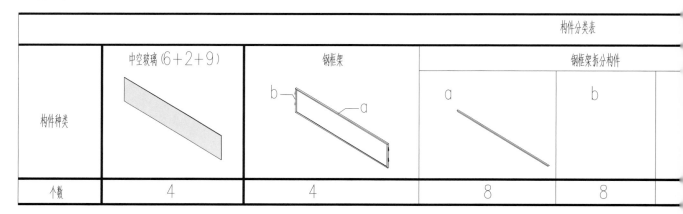			
个数	4	4	8	8

建造过程

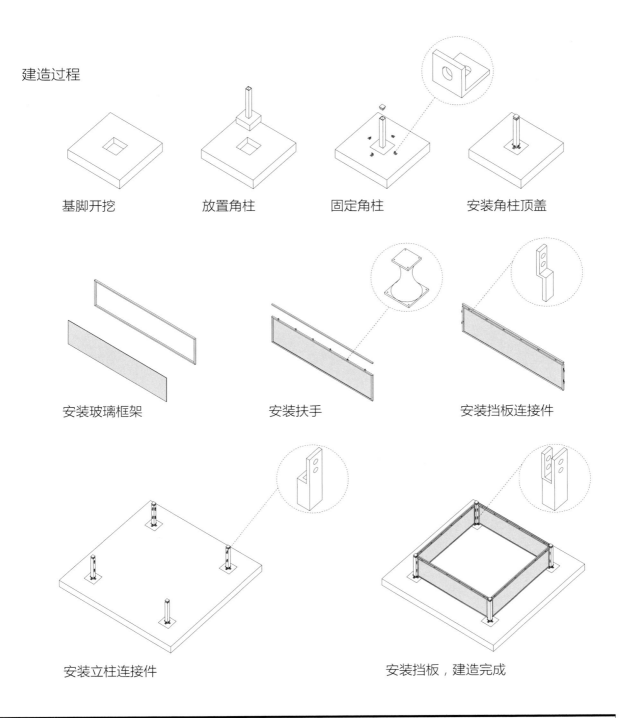

基脚开挖　　　　放置角柱　　　　固定角柱　　　　安装角柱顶盖

安装玻璃框架　　　安装扶手　　　安装挡板连接件

安装立柱连接件　　　　安装挡板，建造完成

扶手	扶手拆分构件		立柱	立柱拆分构件			
4	4	24	4	4	4	16	16

公祭鼎护栏设计方案

方案二

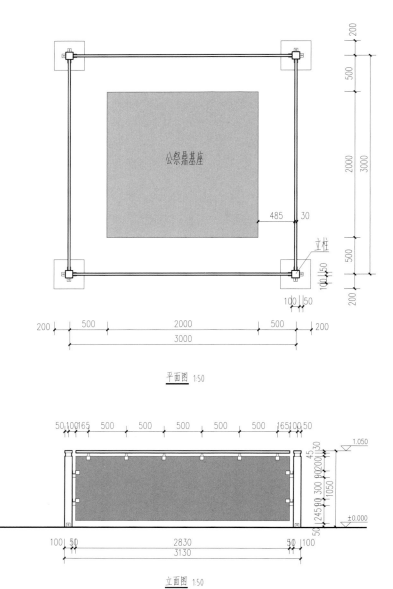

平面图 1:50

立面图 1:50

构件分类表

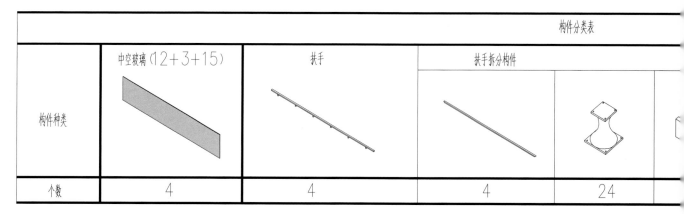

	构件分类表				
构件种类	中空玻璃（12+3+15）	扶手	扶手拆分构件		
个数	4	4	4	24	

建造过程

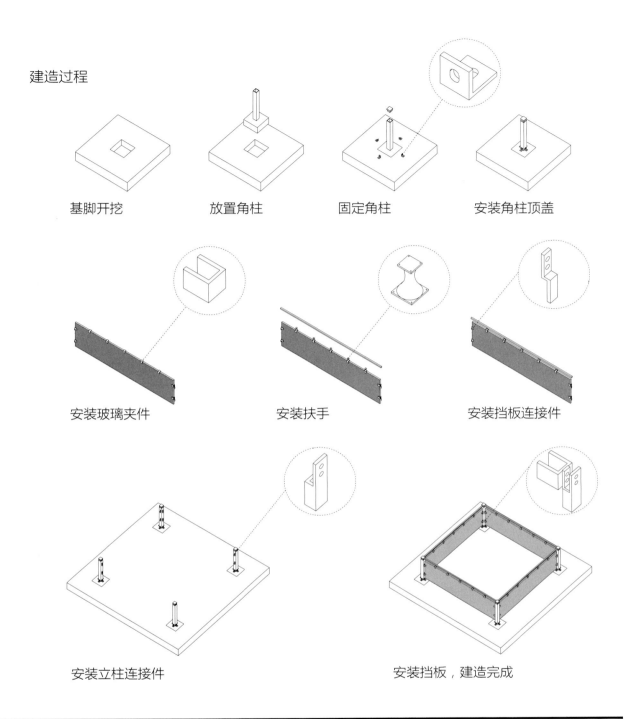

基脚开挖　　　　　放置角柱　　　　　固定角柱　　　　安装角柱顶盖

安装玻璃夹件　　　　　安装扶手　　　　　安装挡板连接件

安装立柱连接件　　　　　　安装挡板，建造完成

连接件			立柱	立柱拆分构件			
16	16	24	4	4	4	16	16

仪式

附录一　　国家公祭鼎项目参与单位

项目组织单位　中共中央办公厅

江苏省委宣传部

南京市委宣传部

事业单位　　侵华日军南京大屠杀遇难同胞纪念馆

侵华日军南京大屠杀遇难同胞纪念馆坐落在江苏省南京市水西门大街418 号，馆名由邓小平题写。这里曾是侵华日军南京大屠杀江东门集体屠杀地点及遇难同胞遗体丛葬地，于 1983 年 12 月 13 日开始建馆，1985 年8 月 15 日建成开放。后经 1994 年至 1995 年，2005 至 2007 年两次扩建，新馆于 2007 年 12 月 13 日南京大屠杀 30 万同胞遇难 70 周年之际对外开放。现占地面积约 7.4 万平方米，建筑面积达 2.5 万平方米，展陈面积达11 449 平方米，场馆平面造型呈和平之舟形状，有雕塑广场、集会广场、悼念广场、墓地广场、祭奠广场、和平广场、史料陈列厅、临时展览厅、遇难同胞遗骨陈列室、万人坑遗址、冥思厅、和平公园和馆藏办公区等13 个功能性区域，是一座全面展示南京大屠杀特大惨案的纪念性遗址型历史博物馆。从 1994 年开始，每年 12 月 13 日，南京大屠杀死难者公祭活动主会场均设在该馆。

该馆目前已发展成为对内进行爱国主义教育，对外传播和平与历史文化交流的重要阵地，是"国家一级博物馆""首批抗战设施遗址""全国重点文物保护单位""全国青少年教育基地""全国中小学生爱国主义教育基地""国家国防教育示范基地""全国爱国主义教育示范基地先进单位""全国精神文明创建工作先进单位""全国文化体制改革先进单位""全国文明单位""中国红色旅游十大景区""国家 AAAA 级旅游景区"及"世界十大黑色旅游景点"，每年接待中外观众 600 多万人次。

馆长简介

朱成山，男，1954 年 7 月 9 日出生于南京，研究员，中国作家协会会员，中共党员。曾任侵华日军南京大屠杀遇难同胞纪念馆馆长，兼任中国抗日战争史学会和江苏省近代史学会副会长、侵华日军南京大屠杀史研究会会长、南京国际和平研究所所长、南京师范大学特聘硕士研究生导师、中国科技大学等 12 所高校兼职教授。

20 多年来，他潜心研究国际和平学、中日关系史、日军侵华暴行史特别是南京大屠杀史，先后撰写《为未来讴歌——朱成山研究和平学文集》《世界和平学概况》《和平学概论》等 120 多部 2000 多万字的专著，在核心期刊发表 40 多篇论文，撰写并在《人民日报》《光明日报》等报刊上发表了 200 多篇各类文章。并多次在美国、日本、波兰等近 20 个国家和地区，参与国际学术研讨与和平交流活动。

设计单位　　**东南大学**

东南大学是中央直管、教育部直属的全国重点大学，是"985 工程"和"211 工程"重点建设的大学之一。学校坐落于历史文化名城南京，东南大学是我国最早建立的高等学府之一，素有"学府圣地"和"东南学府第一流"之美誉。

东南大学（中央大学、南京工学院）建筑系创立于 1927 年，是中国现代建筑教育的发源地。著名建筑家杨廷宝和刘敦桢学部委员、童寯教授等曾长期在此任教和主持工作。建筑学科由建筑学院、建筑研究所、建筑历史遗产保护研究院等组成，并与校城市规划设计研究院、建筑设计研究院有限公司形成"产学研"一体的体制。近 90 年来建筑学院已为国家培养近 3000 名高级建设人才，其中院士 6 名，建筑工程设计大师 10 名。

南京艺术学院

南京艺术学院是江苏省唯一的综合性艺术院校，也是我国独立建制创办最早并延续至今的高等艺术学府。其前身是 1912 年中国美术教育的奠基人刘海粟先生约同画友创办的上海图画美术院，1930 年更名为上海美术专科学校，由蔡元培先生任上海美专董事局主席，并为校歌作词，题写校训、学训。1922 年，颜文樑先生在苏州创办了苏州美术专科学校。这两所中国最早的私立美术学校于 1952 年全国高等学校院系调整中与山东大学艺术系美术、音乐两科合并成为华东艺术专科学校，址于江苏无锡社桥。合并工作于 12 月 8 日完成，从此，这一天成为南京艺术学院的校庆日。1958 年华东艺专迁校南京，址于丁家桥；同年 6 月更名为南京艺术专科学校。1959 年定名为南京艺术学院，学制改为四年，从而完成了学校的本科建制。1967 年迁址于南京市虎踞北路 15 号。经过一个世纪的建设和发展，南京艺术学院经风雨而茁壮，历沧桑而弥坚，发展成为在国内外卓有影响的综合性高等艺术学府。

施工单位　　**福建华峰盛石业雕刻有限公司**

惠安石雕—福建省华峰盛石业雕刻有限公司原名为"华峰盛石雕厂"，坐落于石雕之乡惠安县山霞镇。华峰盛石业是一家集石雕艺术设计、生产、施工安装为一体的大型综合石雕生产企业。自从 1989 年公司成立以来，不断致力于石雕工艺的研究与创新，累积了丰富的工艺技能和一支专业的石雕管理团队。公司特别擅长惠安传统石雕的设计、雕刻，如寺庙古建、大型石雕佛像、观音石雕像、石雕龙柱、山门、石牌坊、石凉亭，以及现代大型石喷泉、景观雕塑、园林庭院石雕、市政园林城市雕刻。既保持发扬了传统艺术风格，又富有现代艺术风韵，在全国石雕行业独树一帜，产品销往全国各地以及东南亚、欧美各国。

北京天图设计工程有限公司

北京天图设计工程有限公司成立于 1994 年 1 月，于 2000 年 7 月改制并与北京工业大学艺术设计学院艺术设计研究所联合组建为北京天图设计工程有限公司。

附录二　　方案与汇报时间表

	10月		11月
	25　　　　31	5	10　　　　15

汇报时间节点

10月27日
第一轮汇报

11月10日　11月12日
第二轮汇报　第三轮汇报

场地布置方案

10月27日
第一稿

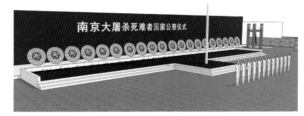

11月12日
第二稿

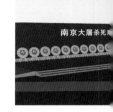

公祭鼎设计方案

10月27日
第一稿

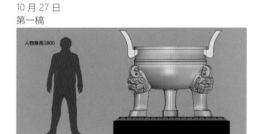

鼎基座设计方案

10月27日
第一稿

11月12日
第二稿

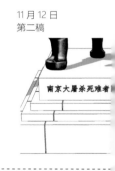

鼎基座施工图方案

11月5日
第一稿

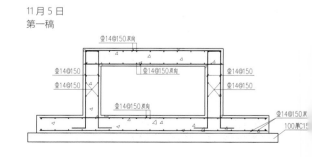

12月

20   25   30   5   10   15

11月19日
第五轮汇报

11月19日
最终方案

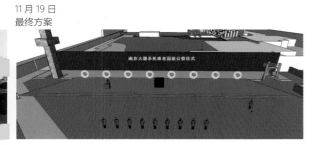

11月19日
最终方案

11月19日
第三稿

11月22日
最终方案

11月19日
第二稿

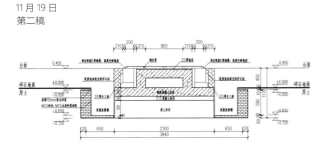

12月3日
最终方案

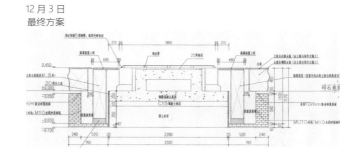

图书在版编目（CIP）数据

南京大屠杀死难者国家公祭鼎基座设计建造纪实 ／
张宏等编著. —南京：东南大学出版社，2016.7
（建造·性能与设计系列丛书／张宏主编）
ISBN 978 - 7 - 5641 - 6480 - 5

Ⅰ．①南… Ⅱ．①张… Ⅲ．①南京大屠杀 – 纪念建筑
– 建筑设计②南京大屠杀 – 纪念建筑 – 工程施工 Ⅳ.
① TU251

中国版本图书馆CIP数据核字（2016）第 099191 号

南京大屠杀死难者国家公祭鼎基座设计建造纪实

编 者	张 宏 石刘睿恬 张军军 淳 庆	
出版发行	东南大学出版社	
地 址	南京市四牌楼 2 号 （邮编：210096）	
出 版 人	江建中	
责任编辑	张 莺 戴 丽	
网 址	http://www. seupress. com	
电子邮件	press@seupress.com	
经 销	全国各地新华书店	
印 刷	南京顺和印务有限责任公司	

开 本	889 mm × 1194 mm 1／16
印 张	5.25
字 数	152 千
版 次	2016 年 7 月第 1 版
印 次	2016 年 7 月第 1 次印刷
书 号	ISBN 978 - 7 - 5641 - 6480 - 5

定 价	78.00 元

本社图书若有印装质量问题，请直接与营销部联系，电话：025-83791830